左手家风 右手教养

李 亚 男◎编
书虫文化◎绘

北方妇女儿童出版社
· 长春 ·

图书在版编目（CIP）数据

左手家风，右手教养 / 李亚男编；书虫文化绘. --
长春：北方妇女儿童出版社，2024.6（2025.2 重印）
ISBN 978-7-5585-8444-2

Ⅰ. ①左… Ⅱ. ①李… ②书… Ⅲ. ①家庭道德一中
国一儿童读物 Ⅳ. ① B823.1-49

中国国家版本馆 CIP 数据核字（2024）第 085030 号

左手家风，右手教养
ZUOSHOU JIAFENG, YOUSHOU JIAOYANG

出 版 人	师晓晖
策 划 人	师晓晖
责任编辑	李绍伟
插图绘画	书虫文化
开 本	720mm×1000mm 1/16
印 张	7.5
字 数	150千字
版 次	2024年6月第1版
印 次	2025年2月第3次印刷
印 刷	阳信龙跃印务有限公司
出 版	北方妇女儿童出版社
发 行	北方妇女儿童出版社
地 址	长春市福祉大路5788号
电 话	总编办：0431-81629600
	发行科：0431-81629633

定 价 42.80元

家风的力量：影响孩子一生的教养

　　家是人生的第一站。好的家风与教养，会让孩子在未来的社会里畅意人生。树立好的家风与教养，就是一个家庭最丰厚的财富，子孙后代取之不尽，用之不竭。

　　不同的家庭有不同的家风，有的家庭崇尚忠孝贤德，重视孝道，注重道德培养；有的家庭崇尚读书习文，重视教育，注重人才培养；有的家庭重视劳动，有的家庭注重节俭……

　　翻开古今中外的历史，司马光、曾国藩等，并不是穷养与富养的结果，而是教养使然。教养，是一个人内在的良好品格修养映射于外的优雅和从容之美，能让一个人从骨子里飘出芳香。

　　家风教育对孩子的影响由内而外，从心动到行动，孩子的一举一动都会打上家风的烙印。毫不夸张地说，有什么样的家风，就有什么样的孩子。

　　这本书通过"左手拉右手"的全新模式，将家风和教养紧密结合在一起。就是告诉家长，如何做能让家庭形成良好的家风，并给予孩子耳濡目染的教育力量，从而让孩子有良好的行为规范。

　　教不好孩子，一辈子都要扶着他走。与其战战兢兢、如履薄冰，不如一开始就树立给孩子好的家风和家教！

目录

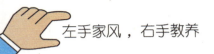

不浪费时间，不挥霍时光

一年之计在于春，一日之计在于晨。

——《增广贤文》

守时是人与人交往最基本的规则之一，也是一种美好品质。

郭伋待期

东汉的郭伋，与一群孩子约好了见面的时间。结果他早到一天，但他坚持留宿野外，等孩子们前来。

宋濂守时

明朝时的名臣宋濂，小时候家里没钱买书就借别人的书抄写。为了在约定时间内还书，无论天气多冷，宋濂都会赶着把书抄写完。

如果是特别重要的事，可以提前半小时出发或者到达约定的地点。

守时很重要

"一寸光阴，一寸金"，告诉我们时间是非常宝贵的东西。遵守时间观念的重要性是什么呢？

1. 掌控时间，增加学习和做事的效率。

2. 融入学校的生活。

3. 能够养成独立的性格。

小贴士

当不能按时到达约定地点时，一定要提前说，千万别敷衍对方，这样做只会让等你的人更生气。

陶侃惜阴

陶侃是东晋名将，他曾作为联军主帅平定了苏峻之乱，为稳定东晋政权，立下赫赫战功。他治下的荆州，史称"路不拾遗"。

陶侃小时候很贪玩，不愿用功读书，母亲很是着急。

一天下了大雨，陶侃没有去读书，就在母亲的织布机旁玩耍。

4

母亲命他背书，当背到"光阴似箭，日月如梭"的时候，母亲问他这两句话是什么意思，他却解释不出来。

母亲说："意思是日子很快就过去了，像织布机的梭子一样快。你现在读书不用心，日子就这么过去了，是不是很可惜呀？"陶侃听后，很惭愧，从此奋发苦读。

陶侃为官后，依旧勤勤恳恳。军中府中的事情都亲力亲为。他常对人说："大禹是圣人，都如此珍惜时间，我们普通人为什么不呢？"

严以律己，宽以待人

君子以细行律身，不以细行取人。

——魏源

释义： 品德高尚的人在小事上时时严格要求自己，但不以小事来苛求别人。

从古至今，纵观那些成大事者，没有一个人不是严于律己的典范。只有对自己严格要求，在责人之前先责己，把矛盾解决好，才会"身正""令行"。该如何做呢？

1. 不要以自我为中心；

2. 理性对待别人的错误；

3. 不要只看别人的缺点。

绝缨大会

楚庄王设宴，命自己的爱妾给众将斟酒。蜡烛熄灭时有人拉了楚庄王爱妾的手，爱妾抓下了该将头盔上的羽缨。楚庄王命令先不要掌灯，让众将全部绝缨痛饮。

开玩笑要分场合

很多人认为，朋友之间不用那么拘束，经常开开玩笑，既无伤大雅，也能让彼此生活轻松。但是，朋友之间开玩笑，要分人和场合。

和这类朋友开玩笑：	开玩笑导致的后果：
有的朋友性格认真、做事严谨。	怀疑你的态度不真诚。
有的朋友天生敏感，可能"说者无意，听者有心"。	可能触及对方的痛处，甚至认为你在取笑他。
有的朋友注意场合，特别是有陌生人在场。	感觉不受尊重。

小贴士

朋友之间开玩笑，要把握分寸，注意场合和说话态度，不能以自我喜好为中心，而不顾及朋友的感受，否则最后的结果就是让朋友对你敬而远之。

许衡不食无主梨

南宋末年，金国不断进犯中原，宋金两国频频交战。宋朝的老百姓为了躲避战乱，四处逃难，离开了家园。许衡也在逃难的人群中。

这天，天气十分炎热，许衡又走得急，汗水湿透了衣衫，喉咙里像是冒了烟，都干哑了。

和许衡一起走路的人也与他一样口渴难忍。他们继续前行，来到一个村庄，村子里的人都逃光了，连点儿水都没处要。

忽然，有人发现了一棵梨树，树上挂满了梨。几人一拥而上，一边摘梨一边吃起来，只有许衡仍在一边看书。同行人问他："你怎么不去摘个梨吃？"

许衡说："不是自家的梨，怎能随便摘下就吃呢？"另一少年说："这兵荒马乱的年月，人都没了影子，这梨还有什么主人？"

许衡说："梨是没主，但我们的心是有主的！"许衡说完就独自上路了。

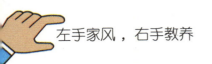
远亲不如近邻

昔在帝尧，叶和万邦，制八家为邻，三邻为朋，三朋为里，五里为邑，十邑为都……

——周公旦《周礼》

古代社会，邻里是江山社稷的重要组成部分，周公是从政治上来审视邻里的划分。

孟母三迁

两千多年前，孟子的母亲为了给孩子营造一个和谐的学习成长环境，选择三次搬家、择邻而居，她是从家风上来审视邻里的重要性。

处理好邻里关系，做到互敬、互信、互助、互让，和睦相处，不仅有利于各自的生活，使大家过得愉快，而且也有利于社会的安定团结。

去别人家拜访要提前告知

在去别人家做客前，一定要提前告知，这是最基本的礼貌。没有人会喜欢不速之客。如果你能提前告知，主人也会有时间做好准备，带着一颗快乐的心招待客人。

11

六尺巷的故事

清康熙年间，大学士张英的府第与吴姓相邻。两家院落之间原本有一条巷子，供两家及村民出入使用。

后来，吴家翻建新房，想占用这条小巷，张英老家的人不同意。

双方争执不下，把官司打到了当地县衙。县官考虑到两家人都是名门望族，犹豫再三，不敢轻易了断。

两边都 得罪不起

这时，张家人一气之下写了封加急信，送给了在朝廷做大官的张英，希望他出面解决。

张英接到老家寄来的信后，二话不说，当即就回了一封信。他在给家里的回信中写了四句话：

千里家书只为墙，
让他三尺又何妨。
万里长城今犹在，
不见当年秦始皇。

张家人看了回信，豁然开朗，当即主动让出三尺空地，让吴家翻建新房占用。吴家见状，深受感动，随即让出三尺房基地，不再占用。"六尺巷"由此得名。

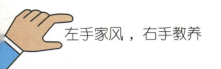

忧人之忧

先天下之忧而忧，后天下之乐而乐。

——《岳阳楼记》

唐代诗人白居易曾表达：世人要"病人之病，忧人之忧"，即要为他人的疾病而难受，为他人的忧愁而忧愁，鼓励后人要理解他人，与人互帮互助。

司马光砸缸

儿时的司马光和一群孩子在院子里玩耍，这时一个小孩儿站到了大缸上，突然失足掉进了水缸里，其他小孩儿见了都害怕地逃跑了，只有司马光急中生智，拿起一块石头把缸砸坏了，缸里的水流了出来，小孩儿最终得救了。

助人即为乐

助人为乐自古以来就是我们中华民族的传统美德，是父母对孩子进行教育时绕不开的话题。赠人玫瑰，手有余香，帮助他人不仅会使他人逃离困境，更能让助人者本人心生欢喜，助人即是助己。

正如我们熟知的雷锋叔叔，他短暂的一生就是不断乐此不疲地帮助他人的一生。

为人民服务

送迷路的人回家

为战友补裤子

小贴士

父母教导子女助人为乐，要告知孩子：我们要帮助的人是比自己弱小的人，而不是不需要我们帮助的人。助人的前提是要保护好自己。

王羲之助人卖扇

王羲之，东晋著名书法家，他的书法天下闻名。有一天，王羲之在街上散步，不觉间来到一座桥上。

他看见老婆婆抱着一捆扇子在叫卖，但却无人问津。王羲之就上前问扇子的价格。老婆婆连忙说："十文钱一把，少给几文也行。"

王羲之想了想，走到一家店里借了一支笔，走过来说："老婆婆，您把扇子拿过来。"老婆婆一听，以为王羲之要买，就马上拿了一把送过去。

王羲之说："全拿来。"
老婆婆更高兴了，马上把扇
子全抱了过去。王羲之便在
扇子上写字，老婆婆急着说：
"哎呀，你怎么在这扇子上
乱涂乱画呢？我还要靠这扇
子过生活呢！"

王羲之说："老婆婆，
您把这些扇子拿到街上去卖，
一百文钱一把，少一文也不
卖。"老婆婆将信将疑地拿
着这些扇子到街上去叫卖。

过路的人都惊喜于扇子
上有王羲之的亲笔题字。大
家把扇子一抢而空。老婆婆
高兴极了，心里十分感谢这
位乐于助人的人。

胜不骄，败不怨

骄慢已习，方复制之，捶挞至死而无威，忿怒日隆而增怨，逮于成长，终为败德。

——《颜氏家训·教子》

释义： 当骄横已经成为习性的时候再去制止，即使用鞭子抽打得再厉害也完全没有威信可言，即使再生气也只会徒增怨恨，等到长大成人的时候，终究会成为品德败坏的人。

战争取胜。

战争失利。

《商君书·战法》中有言："王者之兵，胜而不骄，败而不怨。"胜不骄、败不馁不仅是军事作战中该有的思想，也是生活中必不可少的一种精神。

18

骄傲使人落后

人们经常会教导孩子要谦虚，避免骄傲。正如我国古代思想家老子所言："生而不有，为而不恃，功成而弗居。"传达给世人的就是一种为人处世应该谦虚的思想。

你知道龟兔赛跑的故事吗？

小贴士

家庭中的养育者要关注孩子的一言一行，同时也要注重自己的所言所行，为孩子树立良好的榜样作用，进而形成一种良好的教育氛围。

勤劳兴家，节俭为重

我国自古就以勤俭作为修身治家治国的美德，古人认为能否做到勤俭，是关系到生存败亡的大事，不可轻忽。

《左传》引古语载："民生在勤，勤则不匮。"

《易经》有"俭德辟难"之说，《墨子》有"俭节则昌，淫佚则亡"之论。

朱元璋的"四菜一汤"

朱元璋的故乡凤阳，流传着四菜一汤的歌谣："皇帝请客，四菜一汤，萝卜韭菜，着实甜香；小葱豆腐，意义深长，一清二白，贪官心慌。"

今后不论谁摆宴席，只许四菜一汤，谁若违反，严惩！

勤俭节约

勤俭，是一种习惯；勤俭，是一种风尚；勤俭，是一种美德。让我们从小事做起，从现在做起，养成勤俭节约的好习惯！

1. **爱惜粮食**——不挑食、不剩饭；在外就餐时养成打包的好习惯。

2. **节约用水**——随手关闭水龙头；在节流的同时回收用水。

3. **节约用电**——及时关灯；用完的电器也要及时拨下插头；使用节能电器。

4. **节约能源**——尽量乘坐公共交通工具；不使用一次性餐具，少买瓶装水。

晏子力行节俭，以身作则

晏子是春秋时齐国的名相，也是著名的政治家、思想家和外交家。他虽然身居高位，但生活却非常俭朴。

有一次，齐景公看到晏子的房子很破旧，就想给他换房子。晏子辞谢说："我住在这里已经很好了，没有必要浪费国家的钱财为我建造新房。"

后来晏子出使晋国，齐景公趁机为他改建住宅。晏子回来时，新房已经盖好了。晏子依礼谢过齐景公后，就派人把房子拆了，还把拆下来的木材分给了邻居们。

晏子总是乘坐破旧的车子，驾车的马也又老又瘦。齐景公命人给晏子送去了漂亮的大车和骏马，一连送了三次，都被晏子拒绝了。

齐景公对此十分不解。晏子说："您让我管理全国官吏，我要求他们从俭处事，做好榜样。如果我自己乘坐这么好的车马，下面的人就会争相效仿，全国上下就会奢侈成风。"

于是，晏子对于齐景公的馈赠还是辞而不受。

左手家风，右手教养

百善孝为先

善事父母者，从老省，从子。子承老也。

——《说文解字》

母敬长，子孝母，孝道传承，家庭和睦，生活才会过得舒心踏实。

黄香温席

黄香9岁丧母，与父亲相依为命。为父亲冬暖床，夏扇凉。黄香用自己的孝敬之心，温暖了父亲的心。

24

要理解体谅父母

　　孝道是中国传统文化中非常重要的价值观念之一，它代表着对长辈的尊重、关爱和尽责。孝道不仅仅是一种道德规范，更是一种深入人心的文化传承。

我们该怎么做

　　1. 年少的儿女多理解一下父母，不要再用叛逆期为借口。

　　2. 年长的儿女常回家看望父母，不要再用工作繁忙为借口。

小贴士

　　作为子女，我们要学会感恩，学会孝敬长辈，用自己的实际行动去传承中华民族的传统美德。

亲尝汤药

公元前 202 年，刘邦建立了西汉政权。刘邦的四儿子刘恒，即后来的汉文帝，以仁孝之名，闻于天下，侍奉母亲从不懈怠。

有一次，刘恒的母亲患了重病，这可急坏了他。三年里，刘恒亲自为母亲煎药汤，并且日夜守护在母亲的床前。

每次看到母亲睡了，刘恒才趴在母亲床边睡一会儿。

刘恒天天为母亲煎药，每次煎完，自己总先尝一尝汤药苦不苦，烫不烫，自己试过，才给母亲喝。

刘恒在位期间，重德治，兴礼仪，注重发展农业，使西汉社会稳定，人丁兴旺，经济得到恢复和发展，他与汉景帝的统治时期被誉为"文景之治"。

吃苦是人生的一种锤炼

宝剑锋从磨砺出，梅花香自苦寒来。

——《警世贤文》

释义： 宝剑锋利的刀锋是通过不断的磨砺而形成的，而梅花是度过寒冷的冬季才散发出独特的香气。

要想获得美好的事物，就需要不断地付出努力、克服困难。

名句时间

故天将降大任于是人也，必先苦其心志，劳其筋骨，饿其体肤，空乏其身，行拂乱其所为，所以动心忍性，曾益其所不能。

——《孟子》

28

陪孩子苦中作乐

　　任何人都是不愿意吃苦的，但吃苦却是人生的必经之路。俗话说："不怕苦，吃苦三五年；怕吃苦，吃苦一辈子。"作为父母，要为孩子树立吃苦耐劳的良好榜样。

案例

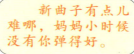

新曲子有点儿难哪，妈妈小时候没有你弹得好。

一点儿也不难哦。

爸爸，你加油哦！

你很厉害哦。

小贴士

　　父母要在孩子吃苦的经历中给予理解和陪伴，使孩子觉得自己不是孤独的，是有人陪伴和理解的，这样才能造就一个不怕吃苦、有韧性又有爱的孩子。

和为贵

礼之用，和为贵。

——《论语》

"礼之用，和为贵"是指礼能使人与人之间的关系变得更加美好与和谐，强调了礼有利于产生"和气"，体现出了古人对"和气"的看重。

家庭和睦

邻里和睦

礼之用，和为贵呀。

人离不开社会，不能离开群体独自生存，与社会大众相处，关键在于和睦。国家和，即使再强大的敌人也不敢轻举妄动，这是团结的力量。

同学间要团结友善

在学校生活中，每个人的行为都会展现在大家面前，同学之间也相互影响着、模仿着。因此，同学之间应互相尊重、友爱团结，这有利于形成一个团结友善的校园氛围。

团结友善要这样做

1. 打招呼要以问好、点头、微笑、招手的方式。

2. 学生干部在开展班级工作时要尊重同学。

3. 真诚地对待同学。

小贴士

与人相处要做到心中为他人考虑，同学间的一言一行和一举一动都要以团结的意愿出发。

积善立家

人之初，性本善，性相近，习相远。

——《三字经》

早在一千八百年前，气息奄奄的刘备对着自己的儿子叮咛："勿以善小而不为，勿以恶小而为之。"

谈到小处，我们是为了自己的子孙后代能兴旺发达而积善；谈到大处，我们是为了自己的祖国能更加繁荣昌盛而积善。

摇船救人

《了凡四训》里讲到这样一个故事：杨荣的家庭以摆渡为生。有一年发了洪水，其他船只都捞取财物，而杨荣的祖父和曾祖父只用船救人。从此，杨家家业逐渐兴旺起来。一直到了凡当时的那个年代，杨家依然兴旺发达。

善良是教养的内涵

保洁阿姨:
　　垃圾桶里
有很多碎玻
璃,小心不要
碰伤了手.
　　　　子淇

　　一位小朋友在垃圾桶上贴着一张字条,上面的字虽然歪歪扭扭,但纸上的内容却无比温暖。

　　孩子主动帮助一些孤寡老人,或一些弱势群体。这样也能培养孩子善良的美德。他们表达出愿意帮助他人的时候,一定要记得表扬他们的小小"善举"。

　　善良不等同于软弱,善良不等同于迎合,在个人受到危害时则需要给予反击,保护自己,避免受到伤害。

窦燕山教五子

窦燕山三十多岁时，膝下还没有子女，心里十分苦恼。

一天夜里，他梦见了已逝的祖父。祖父对他说："你平日里不行善事，再这样下去，不仅无后，且寿命不长。你只有多做救人济世的善事，这样才可以挽救自己的命运。

窦燕山从梦中醒来，把祖父的话一一铭记于心，立志从此不再做恶，只行善事。

窦燕山把经商所得的钱财，用来帮助和接济有困难的人。他还办教育，建书院，创造条件让贫苦子弟上学读书。

神奇的事情发生了，不久之后，窦燕山果然陆续得了五个儿子。

后来，他把全部精力用在培养教育儿子身上，不仅时刻注意他们的身体，还注重他们的学习和品德修养。五个儿子长大后都成了有用之才，当时人称"窦氏五龙"。

读家风故事 做有教养少年

做事要持之以恒

若能从此三事上下一番苦功，进之以猛，持之以恒，不过一二年，自尔精进而不觉。

——曾国藩《家训喻纪泽》

明代药圣李时珍为了写《本草纲目》，熟读了800余种书籍，攀悬崖，涉溪流，走遍了大江南北，历时27年，终于写成了一部近200万字的药书《本草纲目》。

明代杰出的思想家李贽，一生著述颇丰，直至六十几岁时才著成《焚书》，在中国历史上有独特的地位。

只有持之以恒努力才能取得成功，同时，也要在实践中不断地磨炼自己，提高自己的能力和素质。

坚持阅读是获得教养的最好途径

书中自有黄金屋……

思维引导

　　培养孩子养成良好的阅读习惯，可以让他在书的海洋里遨游，通过阅读，汲取书中的知识，最后将知识转换成力量。

坚持阅读的好处

　　1.坚持阅读的人更容易做决定，订计划，做事有主次。

　　2.阅读有益身心和社交。

　　3.阅读有助于更多地尊重和包容他人的看法。

铁杵磨成针

唐代大诗人李白，小的时候很贪玩，不爱学习。他的父亲为了让他成材，就把他送到学堂去读书，可是，李白不愿意学，经常偷偷跑出学堂去玩儿。

有一天，李白没有上学，跑到一条小河边去玩儿。忽然，他看见一位白发苍苍的老婆婆坐在小河边的一块磨石旁磨着一根铁棍。

李白好奇地问道："老婆婆，您在做什么？""我在磨针。"老婆婆没有抬头，她一边磨一边回答。

"这么粗的铁棍什么时候能磨成针哪？"李白脱口而出。老婆婆说："孩子，我天天磨，难道铁棍就不能磨成针吗？"

李白听了老婆婆的话，大受感触。心想："是呀，做事只要有恒心，不怕困难，天天坚持做，什么事都能做好。读书不也是一样吗？"李白转身跑向学堂。

从此以后，李白刻苦读书，历代诗词歌赋，诸子百家，他见到就读，终于成为一位著名的诗人。

贫贱不忘胸中志

富贵不能淫，贫贱不能移，威武不能屈。

——《孟子》

释义： 富贵不能让我骄奢淫逸，贫贱不能让我改变自己的节操，强权之下也不能让我意志屈服。

元稹 15 岁考中功名，32 岁被谪贬江陵时写下《诲侄等书》，告诫子侄当立志。

"人无志，非人也"，嵇康狱中写下《家诫》，告诫子女应立志。

纵观古代圣贤，从不缺乏志存高远且不因功名利禄和威胁迫害而动摇胸中之志的人，他们虽都遭遇世俗不公却也不改初衷。

有志向的人才能取得成功

一个真正有智慧的人，在做任何事情之前一定会先制订好完善的计划和目标，进而向着目标而努力奋斗。

1. 家长要鼓励孩子树立志向，并为之付出努力。

2. 在设定计划和目标的同时也要讲究方法，切忌好高骛远。

没有志向的人，就像是茫茫大海上失去了舵的船，终不能抵达终点。

谨言慎行

好议论人长短，妄是非正法，此吾所大恶也：宁死，不愿闻子孙有此行也。

——马援《诫兄子严敦书》

让我们一起看看《论语》中，孔子是如何教育我们要少说话多做事的：

语言是思想的窗口，好的语言能够给他人留下深刻的印象。如果说话不注意分寸，就会让人觉得不舒服。所以，我们要时刻注意自己的言行举止。

说脏话很不礼貌

你这个讨厌鬼，离我远点儿！

思维引导

小孩子说脏话，大多数是模仿别人，可能是家长，也可能是身边的小伙伴。

孩子怎么想

1. 说脏话很有意思。

2. 说脏话很酷。

3. 发泄情绪，引起别人注意。

说脏话的后果

1. 别人认为你没礼貌。

2. 交到一些同样喜欢说脏话的朋友。

小贴士

在任何场合、任何时间、面对任何人，说脏话都是非常不好的行为。所以，我们开口说话前，一定要事先检验有没有不好的字词，不要以为"这其实没什么大不了的"。

尊师重道

一日为师，终身为父。

——罗振玉《鸣沙石室佚书·太公家教》

我国古代尊师重道的典故：

程门立雪

子贡尊师

张良拜师

　　尊师思想早在黄帝尊拜广成子为师之时就已开始流传，为中华尊师重教传统形成与发展奠定了基础。在古代上至王侯将相下至平民百姓，都将尊师重道置于至高地位，尊师不仅是皇室家族的家法家道，也是寻常百姓的家风习惯。

向老师提意见要讲究分寸

案例

老师，你这是乱讲，根本就不对！

思维引导

"人非圣贤，孰能无过。"老师在工作中也会有说话不恰当或者观点错误的时候。学生向老师提反对意见，应该遵守基本的礼仪，采取合适的方式。

试试这样说

1. 老师，这个问题，我个人认为是……

2. 请问老师，我听某某讲过这个问题，他说的观点和您说的不一样，为什么是这样呢？

3. 老师，这本书上是这样阐述的……

小贴士

如果不同意老师讲授的观点，提意见时要阐述好自己的观点就可以，不要情绪冲动，言辞激烈，甚至言语攻击，这是非常不对的。

子贡结庐

子贡，孔子的弟子。后弃官从商，成为孔子弟子中最富有者，商界历来公认他为"儒商始祖"。

一次，有人在拍子贡马屁的时候竟然贬低孔子，子贡十分生气。

子贡以房子为喻，说老师的围墙高十数丈，屋内富丽堂皇，不是一般人看得到的，而自己不过只有肩高的围墙，一眼就可望尽。

后来，孔子死后，众弟子服丧三年后都离开了，只有子贡结庐墓旁，守墓六年。

后人感念此事，建屋三间，立碑一座，题为"子贡庐墓处"。

因子贡为孔墓所植为楷树，后世便以"楷模"一词来纪念他。

礼让是一种无形的力量

退一步自然优雅，让三分何等清闲。忍几句无忧自在，耐一时快乐神仙。

——《韩愈家训》

"让"作为一种精神，是国家加强安定团结的胶合剂。如果缺乏忍让的风格，相互间斤斤计较，白眼相视，攥拳相持，那社会生活的车轮就不能正常运转。

孔融让梨

我国自古以来就流传许多"让"的佳话。

尧舜让位

王泰让枣

翻开《辞海》，"让"字含有退让、谦让、辞让的意思，注释还引用了古人的一句话："厚人自薄谓之让。"可见，"让"字里面包含着讲文明，讲礼貌，讲团结，讲道德，克己为人，顾全大局的丰富内容。

谦让是一种高贵的教养

这是我先看到的！

思维引导

在人际交往当中，我们缺少不了谦让，谦让是一种品质，能让人见多识广，使人能够获得他人的尊重。

生活中谦让的例子很多：

小贴士

谦让是建立在尊重的基础上的，假如对方不顾及你的感受，不考虑你的原则底线，对你不尊重，这时候你就不能再谦让了。

左手家风，右手教养

彬彬有礼是赢得好感的秘诀

人无礼则不生，事无礼则不成，国家无礼则不宁。

——荀子

不知礼，无以立。礼，是文明
进步的象征，它渗透于人们的日常
生活中，体现着人们的道德观念，
确定着人们交往的准则，指导着人
们的行为。

曾子避席

刘备三顾茅庐

传统礼节分类：行走之礼、见面之礼、入座之礼、饮食之礼、
拜贺庆吊之礼。

问路、指路要有礼

小朋友，请问××路怎么走哇？

我也记不太清了，乱说吧！

你往那边试试看。

思维引导

自己不清楚或不确定时，应向对方说明情况表示歉意，不可胡乱指路。（注：小朋友千万记住，在给陌生人指路时，要注意保护好自身安全。）

正确示范

问路：

1. 有礼貌地跟人打招呼，根据年龄、性别的不同，以谦恭的称谓称呼对方。

2. 在听完对方回答后，不管对方回答的是否令你满意，都应该真诚地道谢。

指路：

1. 应耐心、认真、热情周到地向对方讲清楚。

2. 不歧视外地人。

左手家风，右手教养

未雨应绸缪

一粥一饭，当思来处不易，半丝半缕，恒念物力维艰，宜未雨而绸缪，毋临渴而掘井。自奉必须俭约，宴客切勿流连。

——《朱子家训》

亡羊补牢的故事

破洞被修好后，农夫的羊再也没有丢失过。

名句时间

人无远虑，必有近忧。

——《论语》

52

做客要提前准备礼物

在拜访长者或者亲朋好友时，应提前准备合适的礼物用以表达自己的心意。

拜访他人的注意事项

1. 与对方提前确定好时间。

2. 提前购买合适的礼物。

3. 穿着得体的服装。

4. 准时赴约。

未雨绸缪

周武王灭商后，为了安抚商朝的子民，便封纣王的儿子武庚为诸侯，并让管叔和蔡叔监督武庚。

两年后，武王病重，周公在祭告祖先时说愿代表哥哥去死，并立下祝辞封存在石屋中，令史官不能泄密。

武王终因操劳过度而逝。于是，立其幼子即位，是为周成王，由周公摄政。可管叔和武王的兄弟则造谣散布周公将加害成王，导致周成王疑心。周公为了避免误会，离开了京城，以示清白。

周公离开后,野心勃勃的武庚便联合管叔和蔡叔等奸臣,准备起兵反抗周朝。

　　周公在离开期间,一直秘密调查着谣言的真相,并在武庚发动叛乱前发现了他们的计划。随后,周公向周成王汇报了情况,并且得到了重返王宫的机会。

　　但周公回到王宫后,周成王最初并未完全相信他。在一次偶然的情况下,他发现周公过去留下的文章,从中感受到了周公的忠诚。最终,周成王被深深感动,决定采纳周公的建议,亲自领导军队对抗武庚和其他叛乱者。经过三年的努力,周成王成功地平息了叛乱,并扩大了周朝的疆土,进一步巩固了统治。

重视学习，崇尚知识

学不可以已。

——《荀子·劝学》

释义： 求学不能够停止。

"知识改变人生"，这句话对于现在的我们来说实用，对古人而言亦如此。

凿壁偷光

悬梁刺股

牛角挂书

人不学习，再聪明也目不识丁。小蜜蜂勤奋，酿造了生活的甜蜜；小蜗牛勤奋，登上了金字塔顶峰。

上课听讲专心致志

案例

思维引导

上课听讲是为了获得知识，一定要专心致志。学生在课堂上集中注意力，思想不要溜号、开小差，不要胡思乱想与学习无关的事。

正确示范

1. 认真聆听老师的讲解。

2. 思想上不要溜号、开小差。

小贴士

专心致志做到"五到"。
眼到：看课本、看黑板、看老师。
耳到：听老师讲，听同学发言。
口到：回答老师的问题，要复述。
手到：要做笔记、画重点、写感想。
心到：要思考、动脑筋。

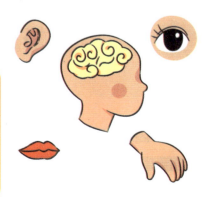

尽心向前，不避责任

偶此多事，如有差使，尽心向前，不得避事。

——欧阳修《与十二侄》

释义：现在是世事多变的时期，一旦国家有什么差遣，你们都要尽心尽力去做，千万不可以逃避责任。

我国古代尽心向前的代表：

路漫漫其修远兮，
吾将上下而求索。

屈原

捐躯赴国难，
视死忽如归。

曹植

但使龙城飞将在，
不教胡马度阴山。

王昌龄

欧阳修为官时，南方硝烟四起，当他接到侄儿来信后，得知家中平安，才放下心来。而面对国家危难，欧阳修鼓励家中的侄儿报效国家，不避责任。于是写了封回信——《与十二侄》。

不推脱责任

孩子入学后，就进入了一个小社会。在家庭生活和学校生活中，会有各种各样的事情与孩子息息相关，因此，应鼓励孩子在生活中承担起自己的责任。

思维引导

家长要关注孩子的成长，在家庭生活中注重对孩子责任感的培养。

怎么培养孩子的责任感

1. 对家务责任进行明确分工。 2. 和孩子一起承担家务活儿。

3. 及时肯定孩子的成长。

左手家风，右手教养

诚实是道德的试金石

毋说谎……以诚待人。

——《王阳明家训》

你听过《狼来了》这则寓言吗？它是民间口口相传下来的，故事虽然简单，但富有教育意义，教育孩子要诚实，不要撒谎。

古代还有许多关于诚实的故事：

答应孩子，就要做到。

曾子杀猪

温水泡核桃是侍女教我的，我骗了姐姐。

一定不要撒谎。

司马光剥核桃

陛下，这道题我做过，请重新出题。

真是个诚实的孩子。

晏殊殿试

欺骗自己，欺骗他人，长此以往，便成为一个爱说谎的人，一个虚伪的人，最后的结果就是没人再愿意相信你。

诚实做人，原生态教养

成绩还没发下来呢。

考试考砸了，不能告诉妈妈。

思维引导

孩子的内心想法和成年人存在着一定的差异，有时候说谎是为了躲避家长的责骂，也有些孩子是为了得到家长更多的关心。只有找到正确的原因，才能对症采取正确的处理方案。

成长小驿站

家长们该怎么做？

1. 先做到自己不说谎。

2. 多给孩子灌输诚实守信的思想。

3. 告诉孩子说谎的后果。

妈妈不爱吃肉，你吃！

小贴士

生活中还有这种善意的谎言哟！

孟信不卖病牛

孟信字脩仁，广川索卢人。他当官时清廉，被罢免了官职以后，家里的一日三餐都没有着落。

孟信家有一头老牛，他的侄子便决定将老牛卖掉换些柴米。

买牛的人来到了孟信家，买卖契约已经写好，恰好孟信从外面回来，看到买牛的人，问清了事情的原委。

孟信便对买牛的人说："这头牛有病，稍微劳作就会发病，对你没有什么用处。"

尽管买牛人说没事，但孟信坚决不卖病牛，于是买卖只好作罢。

买牛的人是周文帝的手下，他将此事告知周文帝后，周文帝便将孟信举为太子少师，后来又升为太子太傅，当时的学士都引以为荣。

欲不可纵，志不可满

《礼》云："欲不可纵，志不可满。"宇宙可臻其极，情性不知其穷。唯在少欲知足，为立涯限尔。

——《颜氏家训》

释义：《礼记》中说："欲不可以放纵，志不可以自满。"宇宙尚且有尽头，人的性情欲望则没有个尽头。只有少欲知足，给自己立个限度。

孙承恩为明朝嘉靖年间的尚书。徐阶同为尚书，整日家中宾客络绎不绝，热闹非凡。而孙承恩一下朝就关闭家门，身着布衣，一边晒太阳，一边读书，辑录岳飞遗文，使之得以流传于世，亦是其对中国文化的一大贡献。

欧阳修自号六一居士，他说："我有一千卷金石遗文，一卷藏书，一把琴，一盘棋，常备酒一壶，再加上我这个生活在其中的老头儿，就成了六一居士了。"

名句时间

夫君子之行，静以修身，俭以养德。非淡泊无以明志，非宁静无以致远。

——诸葛亮《诫子书》

正确看待得与失

得到与失去是人的一生中必不可少的经历和过程，生活中所发生的好事与坏事对人的成长也是有价值的，一个能够正确看待得失的人才是真正有智慧的人。

试试这样做

1. 参加团体比赛，获得集体荣誉感。

2. 帮孩子找到失败的原因，制订接下来的计划。

3. 家长避免针对名次给予孩子称赞。

小贴士

> 要培养出一个健康向上的社会人，不能只用学习成绩作为唯一的衡量标准。父母应看重孩子的身心健康和在其他方面的成长和进步。

择友而交

尔初入世途，择交宜慎，友直友谅友多闻益矣。

——纪昀（纪晓岚）《训大儿》

注释： 你刚踏入官场，选择与朋友交往，应当谨慎。结交一些正直、能互相谅解和一些知识丰富的朋友会带来很多好处。

历史上著名的友谊故事有：

管鲍之交

送给我的忘年之交！

李白和杜甫忘年之交

刎颈之交

真正的益友能把我们带入另一个崭新的美好世界，而一个充满负能量的人则可能把我们拉下深渊。

维护朋友的隐私

案例

怪不得你总是梳着刘海儿。

你看我额头上有块胎记，别告诉别人哪！

思维引导

有时候，朋友会把一些难言之隐告诉你，但他希望的是寻求你的帮助或者是分享给你知道，而不是让你把他的隐私四处传播出去。

如何教育孩子尊重他人隐私

1. 培养孩子的同理心：家长可以通过让孩子学习如何体会他人的感受，了解他人的需要和意愿，从而培养孩子的同理心。

要记住这三点哦！

2. 强调隐私的重要性。

3. 教育孩子如何保守秘密：家长可以通过游戏、故事等方式，让孩子学习如何保守秘密，让他们明白泄露他人隐私的后果。

小贴士

尊重他人的隐私是一种基本的社交礼仪，也是一个人健康成长的必备素质。教育孩子尊重他人的隐私，不仅能够帮助他们建立良好的人际关系，更能够培养他们的责任感和自我约束能力。

管宁割席

管宁和华歆是一对非常要好的朋友。他们同桌吃饭、同榻读书、同床睡觉，形影不离。

有一次，他们在田里锄草。管宁挖到了一块金，他没有理会便继续锄草。华歆却丢下锄头奔了过来，拾起金子爱不释手。

管宁见状便责备他："钱财应该靠辛勤劳动获得，一个有道德的人，不可以贪图不劳而获的财物。"华歆听了，不情愿地丢下金子，但不住地唉声叹气。管宁见了便不再说什么。

又一次，他们两人坐在一张席子上读书。这时一个大官在窗外经过，敲锣打鼓，前呼后拥，威风凛凛。管宁对外面的喧闹充耳不闻，好像什么都没发生一样。

华歆却放下书，急急忙忙跑到街上去看热闹。管宁目睹了华歆的所作所为，心中十分失望。

等到华歆回来后，管宁就把席子割成两半，痛心地说："我们的志向和情趣太不一样了。从今以后，我们就像这割开的草席一样，再也不是朋友！"

养心之难在慎独

自修之道，莫难于养心；养心之难，又在慎独。

——曾国藩《诫子书》

释义： 修身养性的道路上，最难的莫过于养心；养心之所以难，就是难在一个人独处时思想和行为的谨慎。

宰相孙叔敖的故事

孙叔敖初任楚国宰相，人们都来道贺，可有位老人却前来吊丧。

老先生何出此举呀？

身份高贵却对人骄傲，必不得民心；地位高但专权，必遭君王厌弃；俸禄多却并不知足，必招来祸灾。

谨遵教诲，还请您再教我一些。

地位越高，态度就越要谦卑；官位越大就越要小心谨慎；俸禄越多就越要懂得取舍。谨守这三条，就可以治理好楚国。

后来，孙叔敖成为廉洁的名相，楚国得到很好的治理。

少说抱怨的话

　　人与人之间立场不同，看问题的角度不同，所以对待事物的方式也是不同的。在日常生活中，当与他人发生矛盾、意见不同时，可以试着换种角度去思考问题，可以积极沟通。抱怨只会让事情变得更糟。

试试这样做

1. 换位思考。

2. 积极沟通。

3. 找出解决问题的办法。

不说人短，不思人过

慎勿谈人之短，切莫矜己之长……人有小过，含容而忍之；人有大过，以理而谕之。

——朱熹《朱子家训》

释义： 不要随便议论别人的缺点；切莫夸耀自己的长处。……别人有小过失，要谅解容忍；别人有大错误，要按道理劝导帮助他。

古代有很多宽和、容忍的案例：

将相和

宰相肚里能撑船

老师，有没有一个字，可以作为终身奉行的原则呢？

那大概就是"恕"吧。

孔子教学

不随意评价他人长短，不做谣言的传播者，用心做事，学会谨言慎行，是一个人深到骨子里的修养。

没人会喜欢恶意的外号

这个人长得好像"瘦老白"！

"瘦老白"是谁？

是我同学的外号。

虽然起外号很正常，但用外号嘲笑别人的外貌很不礼貌。

思维引导

当看到别人身上与大家不一样的特征时，很多孩子就会给他起个外号，这是非常糟糕的行为。没有人愿意听到被他人以恶意和侮辱起的外号称呼，他们会沮丧、自卑、难过。

小贴士

梁山一百零八条好汉，每个人都有一个厉害的外号，"及时雨"宋江、"黑旋风"李逵等。起外号很正常，但一定不能用伤人的称呼。

器量须大，心境须宽

器量须大，心境须宽。

——吴麟徵《家诚要言》

释义： 人的气量要大，心胸要宽广开阔。

负荆请罪

蔺相如完璧归赵被封为上卿，位在廉颇之上。廉颇并不服气，扬言要当面羞辱蔺相如。

蔺相如知道后便尽量回避，不与廉颇发生冲突，门客便以为他害怕廉颇。

> 我对廉将军容让是把国家的危难放在前面，把个人的荣辱放在后面。

廉颇知道后顿感惭愧，便去找蔺相如负荆请罪。

名句时间

人非尧舜，谁能尽善。

——[唐] 李白《与韩荆州书》

对待别人要宽厚

我们要有包容他人的胸怀，经常站在别人的角度去思考问题。只有这样，才能真正地理解他人，结果就会是心平气也和，事情自然都会朝着更好的方向发展。

小贴士

在家庭环境中，家长要营造出爱的家庭氛围，意见不同时，应试着去理解与关爱他人，这样孩子才会有样学样，把宽容之心带到自己的小世界中。

底线，是做人的基石

人有不为也，而后可以有为。

——孟子

"底线"，是每个人应该自觉遵守的最低限度的做人准则，是规范自身言行的界限，是一个人品行的基础和根本。

当官的不收受贿赂。

中国第一位田园诗人陶渊明，不愿打破自己的底线。清正廉明，从不攀附权贵、阿谀奉承，一生坚守原则，把才华赋于诗中，流芳百世。

树立正确的是非观念。知道有些事情是对的，是可以做的；但有些事情是错的，是不能做的。比如说脏话、拿别人的玩具、毫无节制地要东西、动手打人等。

做客不要乱翻东西

案例

哇，你好多漂亮的发卡呀。

你都给我弄乱了。

? 小朋友，当你跟着爸爸妈妈去别人家做客时，是否会因为好奇而到处探查呢？

试试这样做

1. 去别人家做客，在客厅活动，不随意进出卧室等私人领域。

2. 即使主人邀请你参观，也不随意对房间指点。

3. 不乱翻、乱动东西。

陶渊明恪守底线

东晋后期的大诗人陶渊明，年轻时本有"大济于苍生"之志，可是，在国家濒临崩溃的动乱年月里。他的一腔抱负根本无法实现。

后来，为了生活他还陆续做过一些地位不高的官职，过着时隐时仕的生活。

陶渊明最后一次做官，是义熙元年（405年）。那一年，四十一岁的陶渊明在朋友的劝说下，再次出任彭泽县令。

有一次，县里派督邮来了解情况。有人告诉陶渊明说："那是上面派下来的人，应当穿戴整齐、恭敬迎接。"陶渊明听后说："我不愿为了小小县令的五斗薪俸，就低声下气去向这些家伙献殷勤。"

说完，就辞掉官职，回家去了。陶渊明当彭泽县令，不过八十多天。他这次弃职而去，便永远脱离了官场。

此后，他一面读书为文，一面参加农业劳动。后来由于农田不断受灾，房屋又被火烧，家境越来越恶化。但他始终不愿再为官受禄，甚至连江州刺使送来的米和肉也坚拒不受。

溺子如弑子，慈母多败儿

严父出孝子，慈母多败儿。

——《增广贤文》

四大名著之一《红楼梦》中就有个慈母败儿的故事，一起来看看吧！

薛蟠幼时丧父，母亲对他百般纵容和溺爱。

薛蟠长大后更加跋扈嚣张，任何人都不放在眼里。

后来，薛蟠杀了人。他的母亲急得哭起来，却也改变不了什么。

不要溺爱孩子

在孩子很小的时候，父母不该百般溺爱，应及时进行管教。

试试这样做

1. 家长应教育孩子珍惜粮食。

2. 家长应引导孩子不要过度消费。

小贴士

父母应承担起教育孩子的责任，并且以身作则。

慈母多败儿

春秋时期的郑国，有一对亲兄弟，哥哥在史册上被称为郑伯，就是郑庄公，弟弟叫共叔段。

庄公的母亲姜氏极爱庄公的弟弟共叔段，非常娇纵他，甚至想绕开立嫡立长的宗法制度，帮助小儿子继位，结果未能如愿。

她又为共叔段请封"京"这个地方，庄公无法违抗母命，只好答应了。共叔段在母亲的溺爱下，恣意妄为，在得到京邑后，肆意扩大势力范围，并发展到举兵起事。

姜氏在宫里为共叔段打
开城门做内应。殊不知，此
时庄公已为他们布下了天罗
地网。结果共叔段先被自己
封地的百姓赶走，接着又被
郑伯的军队攻伐得落荒而逃。

庄公再也无法容忍
弟弟与母亲的胡作非为，
最终一鼓作气把共叔段
的势力剿灭。

一奶同胞两兄弟，一个成
为国君，一个成为叛臣客死他
乡，这是因为母亲自小教育方
式的不同而造成的。后人每念
及此，无不感叹：慈母多败儿，
切不可一味娇惯孩子。

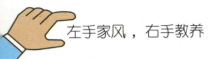

不可掠人之美

凡有一言一行，取于人者，皆显称之，不可窃人之美，以为己力；虽轻虽贱者，必归功焉。

——[南北朝]颜之推《颜氏家训》

释义：但凡有一言一行是来自于他人的，都应该公布于众，万不能夺他人之美，把别人的功劳当成是自己的。

自己没有付出努力，却要在别人的成果上占有一席之地，甚至取而代之，这是一种很不道德的行为。

不把他人的功劳当成是自己的

案例

在人际交往和社会生活中，真正有智慧的人能够正确看待自己和他人，不会将错误推给别人，也不会将功劳归功于自己。

人性善变，当学正道

君子之修身也，内正其心，外正其容。

——欧阳修《左氏辨》

释义： 君子修身，对内要端正自己的心性，对外要端正自己的仪容。

要修养内在的品德，同时要注意外在的仪表。如：

文天祥少年正气

陶渊明东篱采菊

外在形象是一种无声的语言，它反映出一个人的道德修养，也向人们传递着一个人对整个生活的内心态度。具有一个优雅的仪表，无论他走到哪里，都给那里带来文明的春风，得到人们的尊敬。

不跷二郎腿

案例

爸爸，你这样坐很没有礼貌哦！

思维引导

中国的传统礼仪对坐姿有很严格的要求。在某些地域，跷二郎腿有轻视对方的意思。

注意

在公共交通或者只有狭窄的过道，也不要跷二郎腿，因为来往的人很容易被踢到。

小贴士

跷二郎腿这个动作对小朋友的身体发育不好，容易使腿上的血管和神经因压迫而受损，还会导致小腿肌肉发育不平衡。

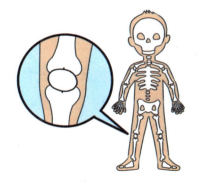

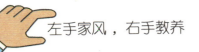

"四戒"与"四宜"

其道维何？约言之有四戒四宜：一戒晏起，二戒懒惰，三戒奢华，四戒骄傲。既守四戒，又须规以四宜：一宜勤读，二宜敬师，三宜爱众，四宜慎食。

——《纪晓岚家书》

 四戒

| 晏起 | 懒惰 | 奢华 | 骄傲 |

 四宜

| 勤读 | 敬师 | 爱众 | 慎食 |

纪晓岚的"四戒""四宜"涵盖了身体健康、生活习惯、品德养成、行为习惯、学习习惯、为人处世等方方面面，给予子女以劝诫和引导，对于今天青少年的健康成长也有很大帮助。

晨起洗漱干净

你做的真棒！

思维引导

《童子礼》上说，早晨起来后，要立即洗脸梳头，以修饰仪容。

你做到了吗

1. 脸要洁净。

2. 手要洁净。

3. 指甲要洁净。

4. 牙齿要洁净。

5. 耳朵、鼻孔要洁净。

6. 头发整洁、不散乱。

7. 身体洁净无异味。

左手家风，右手教养

吾日三省吾身

曾子曰："吾日三省吾身：为人谋而不忠乎？与朋友交而不信乎？传不习乎？"

——孔子《论语·学而》

释义： 曾子说："我每天要从三件事上反省自己：替人做事是否尽心尽力？与朋友交往是否是诚信的？是否复习了师长的传授？"

为人谋而忠。　　　　　　　　与朋友交而信。

传而习。

名句时间

故木受绳则直，金就砺则利，君子博学而日参省乎己，则知明而行无过矣。

——《荀子·劝学》

90

每天都要反省自己

　　自我反省就是在自己的行为和语言中发掘自己的不足之处，进而去改正自己的行为。自我反省有利于提高自己的认知，改善自我的性格，进而促进自我成长。

我自己也是窝在沙发看手机。

这本书有趣，读完之后借爸爸看看。

妈妈，我不想吃青菜。

其实我也不想吃肉。

知道了妈妈，吃菜补充维生素。

荤素搭配营养均衡哦！

小贴士

　　在家庭生活中，父母在遇到孩子的教育问题时，首先应该自我反省，然后引导孩子进行自我反思，只有找到问题产生的原因，才能真正地解决问题。

不义之财，非吾有也

不义之财，非吾有也，不孝之子，非吾子也。

——［汉］刘向《列女传·齐田稷母传》

释义： 来路不明的钱财并不属于我，不孝顺的儿子就不再是我的儿子了。

田稷子是齐国宰相，他要把别人送给他的黄金送给母亲。

母亲便告诫他不能贪图不义之财，作为士大夫应该修身养性。

田稷子便将黄金一一退回了。

借别人的东西要提前告知

　　借用他人物品要事先征求他人的意见，要经他人允许之后才可以拿去使用。如果不提前说好就拿走别人的东西是没有礼貌的行为，也有可能产生不必要的误会。

试试这样做

　　1. 借用前先打好招呼。　　　2. 要爱惜他人物品。

　　3. 借用后应按时归还。

谢谢你的书。

不客气，你很准时哦。

金孝拾银

金孝以卖油为生，家中只有个老母亲。一天，金孝拾到了一包银子，大约有三十两。

他高兴地回家告诉母亲。但金母却教育金孝应该把银子还给失主。于是金孝回到了事发地，恰好遇到一个外地客人正在寻找银子。

金孝告诉失主是他捡到的银子，并带着失主回家取银子。可那失主却说自己丢了五十两银子，诬陷金孝贪污了他的银子。二人相持不下，来到了衙门。

县令说："要是金孝拿了你的银子，为什么只藏了一半，又自己去找失主？可见金孝没有拿你的银子。"

于是，县令判道："外地客人丢失的银子是五十两，而金孝拾的是三十两，这银子不是外地客人的，这银两判给金孝奉养母亲；外地客人的五十两，自去寻找。"

金孝得了银子，千恩万谢地回家去了。大家无不称快。

不以规矩不成方圆

离娄之明，公输子之巧，不以规矩，不能成方圆。

——《孟子·离娄上》

释义： 离娄的眼神儿好，公输般的技巧高，但是不依靠规矩也画不出来方圆。

商鞅为秦国制定新法，他害怕百姓不相信，就设定了"徙木立信"的办法。

商鞅把一根长木头立在国都的南门外，告知百姓："将此木移到北门的给十金。"

百姓围观起来，但没有人相信搬动木头就可以获得奖赏。

商鞅接着下令：把木头移到北门的给五十金。终于有人把木头移到了北门。商鞅兑现承诺给了那人五十金。

徙木立信的办法使商鞅获得了百姓的信任，为变法的实施打下了基础。

进餐时要有规矩

民以食为天，吃饭几乎是每个家庭每天都会发生的事。而吃饭不仅是填饱肚子而已，吃饭也是一种文化，进餐要有规矩，是家长帮助孩子养成良好礼仪教养的开始。

进餐时不能做的事情

1. 不可以玩儿餐具。

2. 吃多少取多少。

3. 不要发出很大声音。

4. 不可以做其他事情。

小贴士

良好的餐桌礼仪有利于孩子形成良好的教养，有利于孩子的健康成长。

天下兴亡，匹夫有责

保天下者，匹夫之贱，与有责焉耳矣。

——[清] 顾炎武《日知录·卷十三》

历史上，总有一些忠心爱国，不畏强权的勇敢之士，他们担负起保卫国家和人民的重担，甚至可以牺牲自己的生命以换来国家统一、人民幸福。

人生自古谁无死，
留取丹心照汗青。

文天祥

苟利国家生死以，
岂因祸福避趋之。

林则徐

鞠躬尽瘁，
死而后已。

诸葛亮

人固有一死，或重于泰山，
或轻于鸿毛，用之所趋异也。

司马迁

在生活中做一个积极向上的人

要培养一个对国家、对社会有用的人，首先要从生活小事做起：

1. 关心自己和他人生命健康安全问题。

2. 努力学习。

3. 关注自己和他人的生活工作环境。

4. 勇敢承担自己的错误。

99

以信为本立天下

人背信则名不达。

——［西汉］刘向《新苑》

释义： 人如果不守信，别人就会对你不相信了。

古代有很多信守承诺的故事：

季礼奉命出使晋国，途中拜访了徐国国君。徐国国君很喜欢季礼的宝剑，但并没有说什么。

季礼想在出使晋国之后再将自己的宝剑送给徐国国君。

将宝剑献给徐国国君。

可是，在季礼返还徐国时，徐国国君已经去世了。季礼想将宝剑献给新任徐国国君。

先君没有留下遗命，我不敢接受宝剑。

季礼最后把宝剑挂在了前任徐国国君坟墓边的树上。

守信是立身之本

　　守信，是中华民族的传统美德，是做人的准则，是立身之本。孩子是祖国的未来，在家庭教育中，父母要做守信的父母，将教育落在实处。

案例

小贴士

　　守信教育无处不在，父母要说到做到，做孩子的榜样。

烽火戏诸侯

周幽王有个宠妃叫褒姒，为博取她的一笑，周幽王下令在都城附近 20 多座烽火台上点起烽火。

要知道，烽火是边关报警的信号，只有在外敌入侵需召诸侯来救援的时候才能点燃。

诸侯们见到烽火，率领兵将们匆匆赶到。当得知这是君王为博妻一笑的花招后都愤然离去。

褒姒看到平日威仪赫赫的诸侯们手足无措的样子，终于开心一笑。

五年后，酉夷太戎大举攻周，幽王烽火再燃而诸侯未到——谁也不愿再上第二次当了。

结果幽王被逼自刎而褒姒也被俘虏。昏庸的周幽王只为博美人一笑而失信于众诸侯，最终落得国破家亡，可见诚信对于我们来说非常重要！

读家风故事 做有教养少年

左手家风，右手教养

团结是我们走向梦想的必修课

天时不如地利，地利不如人和。

——《孟子·公孙丑下》

释义： 有利的天时气候，不如有利的地理形势。有利的地理形势，不如人们众志成城，团结一致。

一个和尚挑水喝，两个和尚抬水喝，三个和尚没水喝。

一支筷子

一双筷子

一捆筷子

夫妻团结，白头到老；兄弟团结，家族旺盛。
姐妹团结，欢歌笑语；老少团结，家风祥和。

排队也是一种教养

阿姨，您怎么不排队呢？

你怎么插队呀？

思维引导

只要有等待的人，就需要排队，排队是一种最基本的社会秩序。

排队看似一件简单的事情，做起来可不简单！

有序排队，方便大家，也方便自己！

小贴士

　　排队不仅是文明的体现，在古代，队列整齐也是非常重要的一件事。

　　战场上的"方阵""长蛇阵"等，都要求军队整齐，否则队伍就是一盘散沙，很容易被敌人冲垮。

105

守法立身

圣人之为国也，观俗立法则治，察国事本则宜。

——《商君书·算地第六》

释义：有能力的人治理国家，考察国家历史、民风民俗，然后制定法律法规，这样治理起来就畅顺，国家就太平。

中国古代很早就有了"法"的意识，认识到依法治国的必要性。"法"不仅用来惩恶，更与德、善紧紧相连。

曹操自刑

（注：古人是不割须不理发的，曹操割发是当时的一种刑法）

名句时间

法者，天下之仪也。所以决疑而明是非也，百姓所县命也。

——[战国]管子《管子·禁藏》

守一而制万物者，法也。

——[战国]鹖冠子《冠子·度一》

不窥探别人隐私

但小天今天请假了，我们看看吧？

出国的王浩给小天来信了！

好哇，念念吧，都是同学。

思维引导

　　私拆私藏同学的信件是没有教养、让人气愤的不良行为，如果情节严重，信的主人可以报警，让私拆私藏同学信件的人承担法律责任。

同学间侵犯别人隐私的行为有哪些

　　1. 私自翻看别人日记。

　　2. 翻看别人的电子邮件和网购记录。

　　3. 把别人的姓名、肖像、住址和电话号码等隐私信息告诉别人。

　　隐私权是一种国民的基本人权。随着年龄的增长和独立人格逐步形成，很多同学的"保密性"需求越来越强，所以我们要尊重他人的隐私权，不能出于好奇心理去窥探别人的隐私。

赵奢秉公执法

赵奢原来是一名征收田赋的下层官员，是个办事公平而且非常严格的人。

有一次，相国平原君家的人不缴租税，赵奢就杀了平原君家的九个管事人。

平原君知道后很生气，下令要杀他。

赵奢不但一点都不害怕，
还义正严词对他说："虽然您
在赵国权势非常显赫，但是您
的管家却拒绝缴纳赋税，这样
会损害到国家的法律，而且还
会严重影响国家的威信。"

"要是大家都这样，赵国
就会慢慢衰落下去，早晚会被
其它国家灭亡。以您现在这样
崇高的地位，如果能够带头遵
守法令，那么赵国就会强大起
来，您也会更受到大家的尊重。"

平原君觉得赵奢说的很
对，不但没有杀他，而且把他
推荐给赵王，让他担任更高的
官职。

读家风故事　做有教养少年

学会与自己相处，面对更多挑战

但我们为你想，离开家庭是最好办法。第一使你操练独立的生活；第二使你操练合群的生活；第三使你自己感觉用功的必要。

——胡适《给儿子胡祖望的信》

胡适重视家庭教育，他将人格教育放在第一位。他倡导"独立、合群和重学"。

自己应照应自己，服侍自己，这是独立的生活。

饮食要自己照管，冷暖要自己知道。

最要紧的是做事要自己负责任。

做的好，是你自己负责任。做的不好，也是你自己负责任。

教会孩子要自理

生活中自理能力的培养有利于帮助孩子形成独立自主的思维，进而提高孩子的自信心，为孩子日后的学习和生活带来益处。

思维引导

在家庭生活和学校生活中，都应引导孩子自己的事情自己做；在遇到事情时，要引导孩子进行独立思考。

可以这样做

1. 在家庭生活中。

2. 在学校生活中。

爱惜身体，起居有常

其爱养神明，调护气息，慎节起卧，均适寒暄，禁忌食饮，将饵药物，遂其所禀，不为夭折者，吾无间然。

——《颜氏家训》

释义： 如果爱惜养护自己的身心，呼吸自如，起居有规律，对天气的冷暖变化都能适应，饮食有所禁忌，生病时服用正确的药物，就能活到上天所赋予的寿命，不会早早地死去。如果能做到这样，我也就不会劝说你们什么了。

起居有常。

饮食有节。

注意保暖。

帮助孩子养成良好的习惯

良好的习惯能托起孩子的一生，反之，不良的习惯可能会毁了孩子的一生。家长要从小培养孩子养成良好的生活和学习习惯，并以身作则，持之以恒。

1. 讲卫生，勤洗手。

2. 不暴饮暴食。

3. 自己的事情自己做。

4. 按时读书。

小贴士

良好的生活习惯可以从讲卫生、日常生活习惯、自理能力和学习习惯等方面着手培养。